踏实水电人生

陈德淮 著

U0286690

黄河水利出版社

·郑州·

内容提要

本书真实地记录了作者40余年的水利水电建设生涯,展现了作者参与三门峡水利枢纽工程、陆浑水库、渠村黄河分洪闸、故县水库等水利水电工程建设的奋斗足迹和心路历程,全面总结了建筑施工管理、水利水电项目施工管理的经验。内容紧密结合工程实际,方法简单实用,思路清晰,观点明朗。尤其是用辩证思维方式分析思考解决问题的做法,具有实用性。

本书适用于水利水电行业的从业人员、管理人员及具有相同经历的人员阅读珍藏。

图书在版编目(CIP)数据

踏实水电人生/陈德淮著. —郑州:黄河水利出版社,2019.7

ISBN 978 - 7 - 5509 - 2396 - 6

Ⅰ.①踏… Ⅱ.①陈… Ⅲ.①水利水电工程 - 工作经验 Ⅳ.①TV

中国版本图书馆 CIP 数据核字(2019)第 112754 号

出 版 社:黄河水利出版社　　　　　　　　网址:www. yrcp. com

　　　　地址:河南省郑州市顺河路黄委会综合楼 14 层　　邮政编码:450003

发行单位:黄河水利出版社

　　　　发行部电话:0371 - 66026940、66020550、66028024、66022620(传真)

　　　　E-mail:hhslcbs@ 126. com

承印单位:河南瑞之光印刷股份有限公司

开本:890 mm × 1 240 mm　　1/32

印张:2. 375　　　　　　　　　　　彩插:8

字数:60 千字　　　　　　　　　　印数:1—600

版次:2019 年 7 月第 1 版　　　　　　印次:2019 年 7 月第 1 次印刷

定价:20. 00 元

陈德淮生平

（1929—2018）

陈德淮，山东荣成俚岛陈冯庄村人，1948 年 9 月参加革命，1949 年 2 月加入中国共产党。

1948 年 9 月胶东军区海防办事处航海训练班任副小队长；1949 年 1 月胶东军区青岛接管培训工作队学员；1949 年 6 月山东青岛港务局办事员；1950 年 6 月天津市海运局办事员；1952 年 11 月天津市海运局秦皇岛海运办事处保卫干事；1953 年 4 月燃料工业部水电总局建筑公司保卫科科员。

1956 年 2 月调入黄河三门峡工程局，任建房分局保卫科副科长；1961 年 12 月任陆浑工程局保卫科科长；1965 年 10 月任水电十一局保卫处科长、武装部部长；1973 年 2 月任水电十一局党委常委；1977 年 12 月任水电十一局副局长、副书记。

1989 年 11 月离职休养。

40 多年来，陈德淮同志参与了解放战争、海运工作、三门峡水利枢纽工程、陆浑水库、渠村黄河分洪闸工程、故县水库等水利水电工程建设。他工作认真，共产主义信念坚定，获得过多次奖励。生活俭朴，教育子女严格。他以无私的实践，为中国人民的解放事业、新中国的水利水电建设事业做出了积极的贡献。

（选自告别仪式悼词）

作者四十年代的留影

作者五十年代的留影

作者七十年代的留影

作者八十年代的留影

1953 年作者在北京

1954 年 5 月作者和爱人陈美爱（1934—2000）在北京

1957 年作者夫妇在上海

1958 年作者夫妇在青岛

1968 年春节作者和母亲李春子（1905—2000）及家人合影

1995 年春节作者夫妇在三门峡家中

2010 年 2 月作者和妹妹陈翠云、妹夫周纯平在三门峡家中

作者在中央公安学院上海分院培训的毕业证书

作者离休通知文件

1965 年 8 月作者在陆浑水库拍摄的第一张全家福

1965 年作者和陆浑工程局保卫科同事合影

1965 年作者和陆浑工程局保卫科同事合影

1977 年作者在渠村分洪闸"工业学大庆"
积极分子表彰大会上

1977 年作者（前第二排左三）和渠村分洪闸工程"工业学大庆"积极分子合影

1991 年 2 月作者（左三）和同事在故县水库上游围堰合影

1991 年 2 月作者（右三）和同事在故县水库下游围堰合影

2000 年 8 月在三门峡大坝坝顶，作者与家人及亲戚合影

盼亲人——1986 年 7 月作者母亲在陈冯庄老宅

望亲人——1986 年 7 月作者母亲及孩儿四代人在陈冯庄老宅

想亲人——2018 年 1 月作者在三门峡家中

前　言

　　"要把黄河的事情办好"是伟大领袖的号召,也是全国人民的意愿,更是黄河流域儿女的心愿。我的父亲就是开发利用治理黄河大军中的一员。

　　从 1953 年 4 月调入燃料工业部水利水电总公司后,父亲便正式启动从事水利水电建设的生涯,先后参与了三门峡水利枢纽工程、陆浑水库、渠村黄河分洪闸、故县水库等水利水电工程。负责过部门的工作,也负责过施工的管理;感受过工作成果带来的喜悦,也感受过人身损害造成的痛苦。一生勤奋,一身正气,一世英豪。

　　回忆文章虽然量少,但内容繁多;语言虽然简单,但内涵丰富。父亲把灿烂的一面记录了下来,却把自己的隐痛埋藏了起来。在那激情燃烧的岁月里,父母一心想着工作,想着如何干好工作,把个人的一切都抛在了脑后。

　　在回忆进入三门峡水利枢纽工地的时候,父亲只是用了"春节刚过"几个字,还特别说明那一年 2 月 12 日是大年初一。他没有说,当时儿子出生才 14 天,妻子还在月子中。他也没有说,为了不影响工作,刚满 7 个月的儿子就让外婆抱回了浙江松阳。当儿子再次回到这个家庭的时候,已经是 9 年之后。原本应当温馨的家庭,却增添了许多的尴尬；原本应当熟悉的亲人，变得十分陌生；原本应有的天伦之乐，演变成了共同的烦恼。弥合情感的缺失，修复被损害的创伤，又过去了 9 年，亲情才得以弥补。

在回忆陆浑水库施工时，正赶上三年自然灾害，他通篇讲的是工作，一字未提自己忍受着胃溃疡带来的痛苦，坚守岗位。困难时期过去了，工程主体完工了，1963 年父亲的胃的大部分也被切除了。

在回忆"文革"期间的遭遇时，他幸运地说："我能活过来真是不容易。"我记得每次他被揪斗回来的时候，看见额头、脸上、身上的伤痕，妈妈总是问：怎么啦，谁打的？父亲总是说，没事，自己碰的。妈妈的问是多余的，父亲的回答是骗人的。奶奶偷偷地抹泪，我是亲眼看到的。父亲只是想着把痛苦埋在自己的心里，一个人来承担。

……

父亲的回忆，表述的事情十分清楚，揭示的道理十分深刻，歌颂的人格十分伟大。

编辑出版父亲的遗作，不仅是为了纪念父亲及他们那一代人，更是为了展示他们的崇高品德，衷心地希望老一辈"不负使命、不图安逸、不畏艰难"的创业精神能得到继承、发扬、光大。

陈京生

2019 年 3 月 10 日

目　录

"头三脚"是这样踢开的

——回忆北京来的房建人

1955 年 12 月 6 日，在周恩来总理主持下召开的国务院常务会议决定成立黄河三门峡工程局。燃料工业部水电总局建筑公司 3000 人，随即整体调入黄河三门峡工程局，组建为房屋建筑分局，简称为房建分局。

工程局成立的时间大约是 1955 年 12 月，当时黄河三门峡工程局的机关就设在水科院宿舍楼，离我们工作单位很近。

翌年 2 月中旬，春节刚过（2 月 12 日是大年初一），水电总局建筑公司组织了一支精干的先遣队，前往三门峡工地做筹备工作。先遣队成员由 44 人组成，其中党政领导、行政管理人员 15 人，技术干部和技术工人 15 人，保卫人员 14 人。保卫人员中，除有两名保卫干部外，还有一个全副武装的警卫班。

受公司党委的委派，我参加了先遣队的领导工作。先遣队由芦从智、潘世宝和我三人组成临时党支部，我任支部的保卫委员。我们的主要任务是：工程局下属的筑坝分局、机电分局、汽车分局、局直机关和医院等五个单位，7 月 1 日以后进驻工地，为第二年大坝开工做准备。公司要求我们在 4 个月内交出 1500 间房子（100 栋，每栋 15

间）及配套的厕所、食堂、托儿所等建筑，同时，还要求我们在此期间内筹建大安礼堂（俱乐部）、澡堂。总的特点是：时间紧、任务重、建材缺、压力大。

先遣队2月中旬从北京出发，到达大安后，在西岭小山坡的一栋东倒西歪的房子里安营扎寨。这栋破房子是由竹竿、油毡、秫秸笆搭建的，据说是以前勘察队留下的房子。

第一个创业期：大安建房

进入工地办的第一件事，就是带着大家察看施工现场。当时施工现场是地处丘陵的片片梯田，除了地里种的豆苗外，全是空旷田野。经过现场察看后，大家有些悲观失望。在一无水源，二无建筑材料，时间这么短的情况下，要建筑这么多的房子，谈何容易？

怎么办？怎么建？党支部引导大家从积极方面考虑，集思广益，想办法打开这个困难的局面。围绕着解决水源和建筑材料这两个难题，大家七嘴八舌开始讨论。最后，根据大家的意见，集体决定：

第一，解决生活和施工的用水问题，应当火速派人回京运 φ108 的钢管，从工地沿着小河沟，铺到南山上的寺沟庙（全长约两公里），将寺沟庙前的一股溪水，利用自然落差自流到工地。

第二，解决建筑材料问题。因为房子的主要材料是竹、木、砖瓦、坯，这些土建材料解决不了，就无法破土动工。解决的办法是：派人到东北采购木材，到南方采购竹竿，到豫东孝义采购红瓦，到豫东招民工就地打坯和烧砖。

办法确定下后，负责采购的同志们立即奔赴全国各地。在采购、招工的同时，留在家里的人员就开始放线、打桩、铺水管。半个月后，寺沟庙的水被引到了工地，顺利地解决了生产生活的用水问题。这一条管路，对大安的供水一直沿用到 20 世纪 60 年代。自来水通水后，我们派了四个警卫到寺沟庙对水源进行保卫和管理。

有了水以后，大批民工进入工地，就在大安（现在的大安广场）的地方开始烧砖。当时这是一片丘陵梯田，我们在梯田上建立了 4 个烧砖窑。4 月初烧出了第一窑砖，到 4 月底就开始大批地出砖。现在的大安广场就是当年烧砖取土后形成的。后来又在那里搭建了舞台，成为一个露天的娱乐场所。全国各地慰问团的文艺演出、各单位重大集会都在此举行。

此时，南方的竹子、北方的木材已经大批到货，工地也已具备了施工条件。从北京又调来了 150 个技术工人，瓦工、木工、抹灰工 3 个大班，每班都是 50 人。从 5 月份开始，三班作业，每个技术工人配三个小工。按照当时的进度要求，是每天必须交出两栋房子才能按时完成任务。当时工地有上千人，有烧砖的、打坯的、搞运输的、建房的，热闹非凡（当时运输用的是美国产的万国车）。

4 月初，工地刚开始土建后，从全国各地采购来的物资、设备陆续运抵会兴车站。此时，物资、设备的存放、转运、加工这些矛盾突显出来了，支部派我和冉连增到会兴车站解决这些问题。我们两个人经过半个月的努力工作，购置地皮，建立了一个大货场、一个竹木加工厂，把这一矛盾解决了。竹木加工厂当时使用的机械都是很简陋的，由柴油机带发电机，发电机带圆盘锯下料，然后用人工加工成门窗和屋架。所用的生活和工作循环水是从横渠雇人用架子车拉来的（循环水还用作职工的洗澡水）。

当时警力不足，通过当地兵役局雇用了地方上的民兵做货场和加工厂的保卫工作。

经过多方面的努力，6月底以前完成了任务，为7月份以后局属五个单位进入工地做好了准备工作。

第二个创业期：新城创业

5月份以后，我又从先遣队调到分局新城工作组。当时住在会兴镇南城门的城楼上。我们筹建组的主要任务是：为6月份分局从北京迁移到工地做准备。地址设立在会兴镇。在那里找了两栋旧房子，又盖了三栋，在对面又盖了四栋，这九栋房子就把分局机关安排好了。同时还在会兴镇租用一些民房，作为"双工双干"宿舍。

6月初这些准备工作按时完成，保证了分局机关按时搬迁到工地。

分局机关进驻工地后，首先办了这么几件大事。

第一件事是：根据工程局给我们下达的生产任务，对生产组织进行了调整。把原来大安先遣队改编为一工区，任务是负责大安、侯家坡、史家滩、老鸦沟一线的建房。新城地区组建为二工区，主要任务是负责建造民房、仓储、商店等建筑物。第三工区承担着附属企业的厂房建筑任务。

第二件事是：优先解决水电问题。这个问题不解决，其他一切都无从谈起。分局决定安装一台 800 千瓦的柴油发电机，由分局机修厂负责安装管理（地址就是现在的水工厂这个位置），保证建筑机械（电焊机、拌和机、震捣器、卷扬机等电器设备）的起码用电。

为了解决用水的问题，决定在会兴沟打两口井，在田家渠打两口井，由分局水暖工程队负责。这样，就保证了新城地区的生活和施工用水问题。

第三件事是：确定了新城地区施工的四个必须确保的工作重点。

第一个是确保工程局大楼能按时投入使用。这是苏联专家和局领导办公的地方，开工前必须解决。

第二个是交际处的八栋小楼。这是苏联专家住的地方，也是接待国际友人和国家领导人的地方。

第三个是物资仓库，也是必保的重点。当时国内外的大批订货都陆续到了，机电产品和一些贵重设备不能露天存放，必须要存放在库房里才能得到妥善保管。

第四个重点是附属企业的三个车间：金属加工车间、金属结构车间、铸造车间。这是直接为大坝服务的车间，必须在 1957 年 6 月底前交工。

房建分局历时 3 年，完成了 35 万平方米的建房任务，基本满足了工程的建房需要。同时，三门峡这座新兴的城市也初显轮廓。

1958 年以后，建筑任务减少，职工逐渐开始调往青铜峡、刘家峡、五强溪、密云水库等工地，支援全国的水利水电建设，剩下的职工于 1959 年初与筑坝一分局合并，承担大坝电站厂房的建设任务，全力投入到了大干 100 万立方米混凝土浇筑的洪流中。

（2005 年 11 月 29 日）

（注：三门峡水利枢纽位于河南省三门峡与山西省平陆县交界处黄河干流上，是一座以防洪为主、综合利用的大型水利枢纽。）

回忆陆浑水库的几件事

伊河发源于伏牛山北麓河南省栾川县张家村，流经嵩县、伊川，在偃师市枣庄汇入洛河，全长 250 公里，是洛河最大的支流。洛河又是黄河中游的主要支流。

陆浑水库位于河南省嵩县田湖乡陆浑村附近。大坝位于陆浑峡谷内，是伊河干流上唯一一座大型水库。坝址处多年平均流量 30 立方米每秒，千年一遇洪峰流量 12400 立方米每秒，万年一遇洪峰流量为 17100 立方米每秒，设计库容 12 亿立方米。控制流域面积 3492 平方公里，占伊河流域面积的 57.9%。

一、1961 年以前工程的基本情况

1951 年黄河水利委员会开始对伊河进行勘察。初步设计水库的主要任务是：以防洪为主，兼顾灌溉、工业供水，结合发电。拦河大坝为黏土斜墙砂壳坝。技术设计由陕西工业大学负责，河南省批准。

1958 年河南成立了伊河指挥部，1959 年 12 月开始筹备，由河南水利厅工程总队第一大队负责施工，主要施工力量以民工和河南第一劳改大队、河南第二劳改大队、洛阳地区劳改大队等单位为主。

1961 年 2 月，水电部副部长李葆华、钱正英来工地检查工作，针对工程仓促上马而造成的质量问题指出：第一，把水库建设纳入国家计划，改为由黄河水利委员会负责设计，三门峡工程局施工。第二，按以防洪为主，重新修改规划和设计，工程标准由二级提高到一级。第三，为加快水库泄洪和放空能力，决定增建一条泄洪洞，等等。

二、1961 年以后工程的基本情况

根据部里的指示，三门峡工程局立即开始组织陆浑水库的施工力量。1961 年 9 月底，局党委决定：由局属筑坝一分局和砂石厂合并成立陆浑水库工程局，负责陆浑水库的施工任务。职工编制为 5000 人。

陆浑水库工程局成立后，结合工程的实际施工情况，重新组建了生产队伍。筑坝第一工程队负责拦河大坝黏土斜墙砂壳坝的填筑任务；筑坝第二工程队负责大坝需要的黏土砂壳石料的开采、运输；开挖第一工程队、第二工程队负责对泄洪洞和溢洪道及其他工程的石方开挖；汽车运输队负责工地的运输任务；机电工程队负责工地的供水、供电及机械管理；与此同时，还配齐了局直各职能部门。新的生产组织建立后，立即各司其职、各负其责地动作起来。5000 名职工从 10 月份开始陆续向工地转移。

三、陆浑水库的主要建筑

陆浑水库的主要建筑物有：拦河大坝、输水洞、泄洪洞、溢洪道等。

拦河大坝工程是黏土斜墙砂壳坝，坝高 52 米，坝顶

高程为 330 米，坝前迎水面用混凝土块护坡，坝顶宽 8 米，并建有防浪墙和坝顶公路。该工程于 1964 年 3 月底完成填坝任务。

输水洞工程位于右岸，洞长 500 余米，洞身 2 米 × 2.5 米，该工程在我们接收前已经建成过水。

泄洪洞工程位于右岸，洞长 600 余米，洞身 8 米 × 12 米，进水口高程 290 米，设有两座进水塔架，安装两扇闸门。该工程于 1965 年 4 月底完成，并于 5 月 2 日夜间受桃花汛的袭击突然过水。进水口安装闸门的脚手架还没有来得及拆除，全被洪水冲走。

溢洪道工程位于右岸两座山的中间，全长约 1000 米，设计 3 个泄洪孔，每孔净宽 12 米，安装三扇弧形闸门，混凝土底板、边墙。该工程于 1965 年 6 月底建成。

四、预防重大治安灾害，确保施工安全

陆浑工程局成立后，我被任命为保卫科科长。1961 年 10 月初，局领导让我带领保卫干部先走一步，去陆浑水库了解一下安全情况，维护一下工地的治安秩序，为以后大批职工进点创造安全的工作生活环境。我们一行五人，10 月中旬到达工地，立即对原来工区内的现状和周围社会现状进行了调查，从中发现了工地存在着诸多不安全隐患：一是原来施工的大批民工散伙回家后，两岸山坡上留有一排排的空窑洞，现在居住了很多来历不明的人。这些人对今后生产生活有什么危险，我们当时无法知道。二是省劳改一队、劳改二队和洛阳地区劳改队的人员正在撤退，留下了众多低矮的茅草房，这些房子极容易发生火

灾，是严重的不安全因素。三是大批库区移民散居在工地内外，和工人混居在一起，职工都分散地住在11个自然村里，给管理工作带来麻烦。四是从关林转运站到工地，再从工地到朱庄采石场，全长达50多公里，真可谓是"线长点多"，这也大大地增加了管理难度。我们接收了原来施工队伍的大批茅草房，又计划建筑大批的油毡顶的房子，再加上老百姓的茅草房，11个居住片所建宿舍，还有商店、学校、大食堂、俱乐部等不下20万平方米。房屋林立，人口密集，建筑物是用易燃物品建造的，火灾等级特别高。因此，整个工区始终处于高火险状态。一旦发生火灾，势必"火烧连营"，扑救难，逃生更难，必将会出现群死群伤的恶性事故。那将是一场塌天大祸，工程局会受到毁灭性的灾害。因此，防火形势十分严峻。如何预防特大火灾事故的发生，就成为全局上下最关切的问题。当时在丹江口曾发生一起火灾，造成数十人死亡。在我们进工地前也曾发生仓库着火的事故，损失惨重。

根据以上了解的情况和对问题的分析，我们初步确定了工作思路：把威胁工地安全的火灾、重大交通事故、爆炸危险物品的管理这三大因素作为安全保卫工作的重点。坚决贯彻以预防为主，防患于未然的方针，根据工地的实际情况，制定一些切实可行的措施和工作制度，主要有：

一是开展防火、防盗、防恶性事故的宣传教育工作。由于宣传工作很重要，所以我们坚持经常化、制度化，要求做到警钟长鸣。大力宣传火灾对职工生命的严重威胁，火灾能给个人、国家财产造成严重的损失，把火灾的危害宣传得家喻户晓、人人皆知，提高职工的防火意识。

二是制定各种防火、防盗、防恶性事故的安全制度。在制定各种制度时，特别把防火制度放在突出的地位，强调对火源的管理。火源是诱发火灾的导火索，只有管好了火源，才能杜绝火患。诸如烟花爆竹、吸烟，照明的蜡烛、油灯、电灯，小孩玩火、电线老化、电线短路，电器使用不当，生活用火，冬季取暖，等等，都会引起火灾的发生。因此，必须对火源严加管理。我认为，只有把火源的管理制度化，才能保证防火工作落到实处。

三是开展防火、防盗、防恶性事故大检查。安全大检查的目的是发现隐患，及时消除、遏制重大事故的发生。检查的重点是爆炸物品仓库、化工危险品仓库、一般物资仓库、商店、学校、医院、职工宿舍、食堂、俱乐部等场所。我们严格执行分级大检查的规定：局里每月检查一次，厂队每半个月检查一次，中队每周检查一次，生产班组班前班后都要检查。

四是加强对爆炸危险品的管理。对爆炸物品的管理从源头抓起，如在运送炸药、雷管时，先到公安机关办好一切手续，派专人押运，进出库严格登记，对炸药库派武装人员看守。

五是加强干警队伍的建设。局成立了专职消防队，负责全工地的消防工作，还配备消防车和相关消防器械。各单位成立了义务消防队，负责本单位和生活区的消防工作，负责管理消防水栓、水龙带等各种灭火器具，定期进行灭火大演习，执行"专""群"结合的消防体制。当时保卫科还承担着炸药仓库、危险物品仓库、重点目标的警卫任务。一般物资仓库和生活区由各单位组织民兵进行昼夜三班值班巡逻，以便及时发现并消除各类安全隐患，维护本单位的内部治安秩序。在警卫工作中我们也同时执行了民警与民兵相结合的执勤体制。

由于采取了以上措施，实际工作中收到较好的效果：陆浑水库工程建设四年间，始终处于高火险状态，周围环境一直十分混乱，但由于局领导的重视和职工的支持、干警的努力，四年中没有发生一起火灾，没有发生一起重大交通事故，没有发生一起爆炸事故，没有发生一起哄抢物资案件，仅发生了一起凶杀案件，我们用了 35 个小时就把这起凶杀案件的嫌疑人抓到了。四年来工地的生产生活秩序井井有条，取得这样好成绩的原因，归纳起来主要有以下几条：

一是坚持经常性的宣传教育和安全检查，及时排除各种隐患，加大整改力度。

二是强化对火源的管理工作，从源头杜绝火灾的发生。

三是加大安全投入，局领导对安全工作的态度是全力支持，要钱给钱，要物给物，要人调人，只要是为了安全工作就满足要求。

四是抓重点抓预防，尤其是紧紧抓住防火、防盗、防重大交通事故这三大治安重点不放，全面开展预防工作。

五是提高干警的素质，用耐心细致、扎扎实实、持之以恒的工作作风积极地开展工作。

六是实行以专职消防和群众消防、武装民警执勤与民兵巡逻检查为基础的"专""群"结合的保卫措施，建立立体预防体系。

五、收尾工程

1964年3月，大坝填筑到海拔330米高程，这标志着主体工程施工完结，工程进入了收尾阶段。这时，一部分职工开始从岗位上撤离下来，一小部分职工调回三门峡搞增建工程，大部分职工向刘家峡转移。工地成立了工作班子，由我和林伯先等人负责收尾工作。当时的主要任务有三项：

第一项工作是泄洪洞的衬砌、两座进水塔架的建筑及两扇闸门的安装、溢洪道底板边墙混凝土的浇筑、三孔弧形闸门的安装、坝前迎水面护坡混凝土块的铺砌、坝顶防浪墙的制作和坝顶公路的铺筑等。经过一年多的工作，这些项目先后于1965年6月份陆续竣工。

第二项工作是整理竣工验收资料，迎接国家对陆浑水库工作的验收及向水库管理处办理移交手续。这项工作于1965年8月份完成。

第三项工作是职工和物资设备向刘家峡转移，处理因施工与地方形成的遗留问题。对这些说不清、理不齐的历史遗留问题，我们采用了"捆绑式"的办法来处理，即保持工区内不动产的现状并完整地转让给地方，同时委托地方政府全权来处理这些遗留问题。

陆浑水库1961年10月开始进点，至1965年8月竣工，10月底撤出，历时四年整，共完成了石方开挖674万立方米、混凝土浇筑15万立方米、投资1亿多元，工程总造价9700万元。水库投入运行40多年，经历了数十次洪峰的考验，大坝及各项水工建筑物安然无恙。

（2005 年 12 月 31 日）

（注：陆浑水库位于河南省嵩县田湖乡陆浑村，是一座以防洪为主，结合灌溉、发电、城市供水的大型水利枢纽。）

"文革"经历始末

"文化大革命"是一场由领导者错误发动，被反革命集团利用，给党、国家和各族人民带来严重灾难的内乱，使党、国家和人民遭到中华人民共和国成立以来最严重的挫折和损失。

在这场内乱中，我受诬陷和迫害的经历，至今仍记忆犹新。我先后被打成"反党反社会主义反毛泽东思想的三反分子""反党集团的头子""镇压造反派的黑干将""二月逆流的刽子手""保皇派"等。大字报和大幅标语铺天盖地，口诛笔伐的声讨一浪高过一浪。除了开批斗会、游街示众外，还对我进行人格辱骂、人身殴打，真是把我逼上了绝路。我能活过来真是不容易。

我对十年"文革"认识的转变过程

1966年5月底，市委在黄河影院召开17级以上党员干部会议，我参加了这次会议。会议内容主要是传达《中国共产党中央委员会通知》（即"五一六通知"）。中心内容是这次"文化大革命"运动，主要是揪党内一小撮走资本主义道路的当权派。出于对党中央的信任和对毛主席的热爱，我的态度是拥护的。但对以后出现的乱象我感觉到了问题的复杂性。因此，我暗暗地给自己立下了几条约束：第一，坚决不介入"四大"活动（大鸣、大放、大字报、大辩论）。"四大"是这次运动诽谤、污蔑、造谣、陷害的工具，绝对不能介入。十年中，我没有写过一张大字报，没有发过一次言，没有表过一次态。第二，观点要鲜明，不能随大流。我的观点是反对"文化大革命"，不支持造反派所谓的"革命行动"。但言语要谨慎，不能暴露真实的思想。第三，坚持党性，坚持原则，坚持实事求是。只要有机会就为老干部、知识分子说几句公道话，办点公道事。第四，坚持同坏人坏事做斗争，绝不向坏人坏事屈服。十年中，我是这样想的，也是这样做的。因此，我没有走过弯路，也没有犯过大小错误，态度光明磊落。

十年大浩劫初期的几件事

第一件事是，运动初期，我根据上级公安机关的指示，结合我们黄河三门峡工程局的具体情况，对新城地区保卫工作进行详细安排，确定了总库、木材厂、水工机械厂、黄河医院、技校、局中学六个单位为保卫工作重点。

总库和木材厂是我们黄河三门峡工程局物资储存地，要确保国家财产的安全不能发生问题。水工机械厂是我局金属加工制作单位，当时生产秩序很乱，断电断水经常发生，严重地影响了生产。因此，对水工机械厂，要整顿秩序，保证有个安定的生产环境。黄河医院是量仪厂的协作单位，量仪厂内有六七个日本专家在安装调试设备，经常到黄河医院看病。为了确保外宾的安全，防止在我局发生重大的涉外事件，我们把黄河医院作为保卫工作的重中之重。本着内紧外松的原则，全面布控，保证外宾的绝对安全。技校和局中学当时已经停课，只是维持一下正常的治安秩序。

由于措施得当，保卫干部认真负责，从运动开始到"砸烂公检法"这期间的一年多里，我局没有发生重大事件。

第二件事是，采取应变措施。

1967年7月，中央对河南表态后，河南的形势发生了戏剧性的变化。打砸抢分子把斗争的锋芒指向了公检法机关，一场全国性的"砸烂公检法"的运动开始了。霎时间公检法机关自上而下全面瘫痪，坏人横行霸道，杀人、放火、抢枪、武斗，无恶不作，形势十分险恶。保卫工作如何应变，是关系到全工程局安全的大问题。全体保卫干部围绕着保卫全局安全的主题，果断地采取了以下几条应变措施。

（1）将机密档案连夜装箱打包，转移到市公安局，再由公安局转移到监狱，防止打、砸、抢分子哄抢档案。

打、砸、抢分子于8月中旬占领了工程局办公大楼，当日就砸了保卫处。他们企图抢机密档案，结果扑了个空，气急败坏地把保卫处的往来文书档案和已处理结案的刑事案件等毫无保密价值的档案散落一地。

9月中旬，打、砸、抢分子又把这批档案从公安局抢到坝头。我们立即向市武装部说明这些档案被抢的严重后果，要求部队介入。经过市武装部的强烈干预，最终这批档案又完璧归赵，寄存在市武装部。

由于我们在抢前、抢后做了大量的工作，保住了档案的安全，防止了一次重大失密事件的发生。

（2）转移枪支弹药，防止被哄抢，尽量减少武斗伤亡。

首先，我们将全局持有自卫枪的干部，挨门挨户地说明利害关系，强行收缴。这些枪支是原来由个人从地方调来时随身带来的，由个人保管，在保卫处登记，发有持枪证。这次共收缴了60多支自卫枪及子弹若干发。同时，对全局保卫干部配备的60支枪及弹药进行了统一收缴。加上原来保卫处库存的枪支共计130余支，连同弹药，连夜装箱转移到市武装部，由市武装部转移到总后勤部357部队存放。

这次转移武器是在没有上级指示的情况下进行的。由于及时转移了武器弹药，避免了被打、砸、抢分子哄抢，在以后的武斗中大大减少了伤亡。

（3）烧毁积累的揭发材料、调查取证材料，防止落入坏人手里进行疯狂报复，保证揭发人和保卫干部的人身安全。

在"砸烂公检法"的运动中，保卫干部、基层治保委员和广大治保积极分子是打、砸、抢分子的眼中钉，如果这批材料落入他们手里，必然会进行疯狂的报复。因此，为了保护基层治保人员的人身安全，使坏人找不到证据，抓不到把柄，我们把大批的揭发材料、调查取证材料、排队摸底的材料、布控的材料及保卫干部工作笔记本等全部烧掉，不给打、砸、抢分子留下任何打击报复的证据。

（4）严格保密纪律，对知情的保卫干部强调保密教育。这次同打、砸、抢分子的斗争是一场你死我活的斗争，是人命关天的大事，无论受到何种打击都不能泄露半点机密，更不能做反戈一击的事，否则出了人命谁也负不起责任。

由于以上措施得力，保卫了国家机密的安全：

——大批武器弹药及时转移，一枪一弹也没被打、砸、抢分子抢走。后来打、砸、抢分子到卢氏等地去抢武器，但局内的武器没有抢到。这对全局的安全方面是一个重大贡献。

——保卫系统的全体人员在"砸烂公检法"的运动中虽然受到了痛苦和折磨，但基本上还是安全地渡过了难关。

为解放局领导干部鸣锣开道

"文革"中把局领导秦定九打成了叛徒，把孟超海打成假党员。1968 年 8 月，我们黄河三门峡工程局成立了革命委员会。当时举办了大型学习班，把全体干部集中到技校，吃住都在技校。这是个全封闭式的学习班，把大批知识分子、干部和群众揪出来关押在这里，进行无休止地批斗，这就是所谓的"斗批改"。

局里派我和另外一位同志一起去落实原局领导秦定九、孟超海的历史问题。我们进行了两个月的调查取证，弄清了他们的历史问题，证明秦定九不是叛徒，孟超海不是假党员。我写了一份调查报告，有根有据地对原来的结论进行了否定。这份报告，经当时主持学习班的军代表刘明超的同意，打印成文件，呈报局革命委员会并下发到大型学习班的每个班组。全体学员看到此报告，无不拍手叫好。由于这个报告否定了工程局"文化大革命"所取得的一项重要成果，所以当时局一把手见了报告后，怒发冲冠，跺脚大骂。派人领我到他办公室，一进门就问："你就叫陈德淮？"说着就从椅子上站起来走到我跟前，用手指着我恶狠狠地骂："看样子你就是个'老保'，今天晚上开革命群众会议，你向他们作交代。"当晚，工程局大楼二楼会议室内外都站满了人，对报告大家都信服了。

我深知，得罪了一把手，没有好下场，我的处境今后会很艰难。不久后，我就被发配到基层劳动改造，这一改造就是三年。直到这位领导调走后，我才又被重新安排工作。

十年浩劫，我是悲喜交集。悲的是三次被打翻在地，吃尽了人间苦，受尽了人间罪；喜的是，在"文革"全过程中，光明磊落，坚持党性，坚持原则，坚持实事求是，在逆境中与同事们做了一些有益于国家、有益于人民的事情。

（2005 年 12 月 7 日）

三门峡改建后首台发电机组
安装的回忆

  三门峡水利枢纽工程于 1960 年 9 月开始拦洪蓄水，使用不到 2 年，水库出现了严重的泥沙淤积，河床抬高。尤其是在水库的入口，当水流速度放慢时，就出现了泥沙的沉积，导致渭河水进不了黄河，危及关中平原农业生态平衡，威胁西安市的安全。

  为减缓库区泥沙淤积问题，1964 年 12 月经国务院批准决定，在三门峡大坝左岸增建两条排沙隧洞，改四条发电钢管为排沙钢管（简称两洞四管）。三门峡水利枢纽的增建工程 1965 年开始，1968 年汛前相继投入运用，库区内 80% 的泥沙被排出库区，但仍然有 20% 的泥沙淤积在库内，河床继续缓慢抬高。

  为进一步解决水库泥沙淤积问题，1969 年 6 月，周恩来委托刘建勋、纪登奎在三门峡主持召开了晋、陕、鲁、豫四省治黄会议，研究三门峡水利枢纽工程的改建问题。会议确定"合理防洪、排沙放淤、径流发电"的原则。根据这一原则，对三门峡水利枢纽工程进行了改建。改建的核心是加大下泄流量，降低泄洪孔进口高程，保证坝前水位在海拔 315 米高程下泄流量达 10000 立方米每秒，达到进出库的水量平衡，并安装五台发电机组。

改建的主要规模是：开挖八个已封堵的施工导流底孔，把进水口下降到海拔 280 米高程，这样使进水口降低了 20 米，接近原始河床的高程。将电站坝体一至五号发电引水钢管的进水口降到海拔 287 米高程，下卧 13 米，有利于电站进水口排沙排草。同时安排五台单机容量 5 万千瓦的低水头水轮发电机组，总装机容量为 25 万千瓦。

从 1969 年底开工到 1972 年底，历时三年完成土建任务，基本上解决了库区的泥沙淤积问题，改建第一阶段取得了阶段性的胜利。从 1973 年初进入第二阶段，即安装发电机组阶段。

当时我任局党委常委，分管局里的生产工作，参加了改建工程的全过程。

一、安装发电机组的概况

（一）发电机组安装的准备阶段

从 1973 年初开始进入了安装发电的准备阶段，全局上下都把目光集中到这个热点上。从年初到 9 月底做好了装机的准备工作，为发电机组安装创造了较为有利的条件。

首台发电机组安装的准备工作量特别大。五台发电机组共用的配套工程都要在首台发电机组发电前完成，安装工程需要的工器具及需要自己制作的机组配件达 27000 余件，为发电机组安装服务的配套工程（供风、供水、供电、供油四大系统），坝头通往新城的八对电话线路的架设，下河线铁路的大修，110 千伏变电站的建设，四台主变器的安装，钢筋混凝土预制内封罩及梁、板、柱的预制，坝前清淤清障，坝后尾水明渠的清淤清障等，准备工作十分繁重烦琐。由于全局上下全力合作，于同年9月底胜利完成一切准备工作，万事俱备，只等机组到货。

（二）发电机组安装发电阶段

三门峡发电机组是在考虑水库泥沙多、厂房已建成的情况下设计制造的。发电机组每台质量达1000余吨，大小零部件有10万余件，安装工作量特别大；当时能熟练从事安装工作的技术工人还不足百余名，其余200多名都是新招的学员，劳动力不足；发电机组到货又很晚，加大了年底发电保工期的难度；工作场地窄小，发电机组的组装、部件的拼装都挤在一起，工作高峰无法错开；起重设备不足，整个现场只有一台桥式起重机，根本就不能满足安装工作的需要；这台机组又被列入国家1973年发电项目，留给发电机组安装的只有不到三个月的时间。面对重重困难，无路可退，只有背水一战。

我们把安装发电机组全过程，按照基坑直线工期的要求分为四个阶段来安排。第一阶段是320吨埋件的安装。第二阶段是发电机组3000立方米混凝土的回填。第三阶段是水轮机、发电机的安装。第四阶段是调试和试运行。

10月10日，卡安装工作脖子的第一道工序座环到货，打响了安装发电机组的第一炮。发电机座环最大直径18米，高近5米，质量达395吨。职工们立即投入到不分昼夜、加班连点的奋战中，经过17天日日夜夜的苦战，提前13天完成了埋件的安装任务，可算是旗开得胜。第一阶段刚刚结束，浇筑队的职工立即投入第二阶段发电机组3000立方米混凝土的浇筑施工。经过数日奋战拼抢，提前两天保质保量地完成了任务。当进入第三阶段水轮机、发电机安装阶段后，厂房内人山人海，热火朝天。工人干部加班加点，干劲冲天，已到了白热化的程度。此时此刻的领导干部说得最多的话是，动员参战职工喝杯水，歇歇气，工作场景真是催人泪下。经过 20 余天的奋战，12 月 20 日终于圆满地完成了发电机组的安装任务。

发电机组安装成功后，随即转入调试和试运行阶段。从 12 月 20 日开始，发电机组开始充水，一次启动成功。在试运转中，测量机组震动、摇动，测量各部位轴承温度、稳定情况，对液压高速器进行试验。经过 6 个小时的试运转，各项指标都符合国家规定的质量标准。随后又做了第二次启动调试，检查发电机组各部位保护装置灵不灵，调速器灵不灵，并做发电机组升压、发电机组并车、带负荷发电等项试验。结果各项指标也都符合国家规定的质量标准。经过以上两次调试成功后，发电机组立即进入 72 小时试运行，于 12 月 26 日 21：00 并入电网，21：10 开始带负荷 5000 千瓦运行，三门峡首台发电机组安装宣告成功。

二、在安装发电机组过程中发生的四起难忘的事情

第一件事情是 1973 年 10 月下旬，四号基坑内正在轰轰烈烈地进行埋件工作，坝前坝后正在进行清淤清障。晚上 10 点多钟，忽然崔克良从郑州给我打电话说，解放军在黄河下游搞横渡演习，三门峡开闸门把浮桥给冲跑了，若干名战士不知下落。郑州市闹得沸沸扬扬。真是晴天霹

霁，我当时就有点吓蒙了。沉思片刻后，我回答说："第一，解放军在下游演习我们一无所知。第二，我们近日既没开闸门也没关闸门。第三，三门峡水库是根据黄委的指示，从汛期开始到现在一直敞泄，三门峡近期也没有涨水。第四，三门峡大坝闸门的启闭我们无权指挥，一切由黄委管理掌握。"放下电话后，我的思想压力很大，心里忐忑不安，这么大的事，不但是郑州搞得沸沸扬扬，就是中央军委也是沸沸扬扬的。那时的社会不讲理，也无处讲理。演习部队为了推卸责任，赖到我们身上，我们还说不清。太可怕了。大灾大难马上就要来了，我的内心十分恐惧！零点以后，又突然接到黄委的电话，让把底孔闸门全部关闭。我知道崔克良把问题反映到省里，然后省里又把问题反映到黄委那里去了，黄委说了公道话。我这才把压在心里的大石头放下来了，立即组织有关单位启动坝上两台350吨的门机，以40分钟关一孔的速度，在天亮前把8个底孔闸门全部关上。

第二件事发生在10月底的某天，晚上11点左右，厂房四号基坑传来一声巨响。我立即来到现场，一看是四号机组左侧混凝土模板放炮，原因是浇筑强度过大，模板承受不住压力，把混凝土泄到了五号基坑。真险呀！幸好旁边五号基坑没有人工作，也没有存放设备。我们马上组织劳动力进行仓号清理，重新立模板，重新开盘浇筑，并强调严格按规范浇筑，浇筑强度不要过高，以避免类似的事故再次发生。

第三件事发生在11月初的一天，晚上九点多钟，安装队的工人在安装现场海拔290米平台上打磨水轮机转轮体，突然一台砂轮机爆炸，当场击中操作者的头部。在工地医院简单地处理后，送往新城医院。我也随车而去，但遗憾的是，该名工人经抢救无效死亡。这起事故的原因是砂轮机没有安装保护罩，违反操作规程。

第四件事发生在 12 月上旬，安装正处于冲刺阶段，忽然发现一个大件有严重缺陷，不能就位，安装工作立即就停了下来。如果返回厂家重新加工，安装工期不允许，时间来不及。正在无奈的情况下，有个技术干部提出新城的水工厂有一台落地式车床，可能能加工这个大件，不妨去试一试。说干就干，立即用汽车把大件送到水工厂。在技术干部的指导下，加工成功，运回工地顺利地安装就位。

三、几点体会

（1）全局职工急切盼望三门峡水利枢纽尽早恢复发电，这是安装发电机组的力量源泉。三门峡水利枢纽工程1960 年 9 月蓄水后，因库区泥沙淤积严重被迫进行增建和改建。同时把正在发电的大型机组拆迁到丹江口电站。于是，社会上对三门峡水利枢纽的负面议论很多。职工听了这些议论心里很不是个滋味。因此，全局职工急切盼望能及早恢复发电。当 1973 年进入装机发电阶段后，大家无比欢欣鼓舞，个个表示要在装机发电中做出自己的贡献，打一场翻身仗，为三门峡水利枢纽恢复名誉，为子孙后代造福。这种精神就是职工冲天干劲的源泉。

（2）集中全局力量搞发电。三门峡首台机组安装任务的准备工作量特别大。仅就安装所需使用的工器具及需要自己制作的机组配件就达 27000 余件。这样大的加工量，单靠哪一家都完不成。我们就把局内凡有加工能力的单位都组织到一起。把加工指标分解到各单位，限期保质保量完成，大家分工合作，一齐下手，突击完成。技工不足就从全局各个角落挖潜，就连局修缮队七个年过半百的老瓦工、老抹灰工、老木工也被集中到发电机组安装现场。他们担负着外封罩的砌砖、抹灰、四号机组边墙大理石镶嵌、机组水磨石的施工、中央控制室斜纹木地板的安装、水轮机叶片涂敷抗磨环氧树脂层及厂房其他装修任务。集中全局的力量进行坝前清淤清障、坝后尾水明渠的清淤清障工作。在收尾阶段又组织全局力量清理现场和整个坝区卫生大扫除。装机发电不是一个单位的事情，必须要全局动员才能取得胜利。

（3）技术创新。在整个安装发电过程中，我们始终发动广大职工积极开展创新活动，为工程献计献策。在创新活动中，职工提出了上百条创新意见，我们采纳了十几项，对缩短工期、提高质量、保证安全都起到了明显的效果。

在土建方面有：一是在回填 3000 立方米混凝土时，将原设计的分层分块浇筑，改变为分层不分块浇筑，并采取多项降温措施，防止混凝土裂缝，既缩短了工期，又保证了质量。二是发电机组层需要的梁、板、柱，原设计是在现场浇筑，我们改为厂房外预制，吊装就位后再进行焊接的办法，解决了现场窄小的问题，还缩短了工期。三是发电机组蜗壳下部与座环之间反弧段采用了预埋骨料后，再在座环上预留灌浆孔的办法，取得了质量好、速度快、劳力省的效果。四是发电机组的内封罩是钢筋混凝土结构的薄壳庞然大物，高 7.4 米，内径 14 米，壁厚仅 0.4 米，质量达 330 多吨。原设计现场浇筑，后改为在一号基坑整体预制，分成四片吊装，就位后焊接成整体的办法。土建工程一系列的创新活动，大大加快了施工进度，缩短了施工工期。

在机组发电中也采取了很多创新项目。主要有：一是蜗壳搭接拼装。蜗壳总计有 31 小节，质量 141 吨，如果在基坑焊接，工作量大，占直线工期长。因此，改为在厂房外拼装，将四小节拼成一大节，然后在基坑吊装拼焊，大大减少了吊装时间和拼焊时间。二是水轮机是在安装场倒位安装的，有 100 多吨重。怎么解决翻个的问题？厂房只有一台桥吊，这在当时是个很大的难题。经过创新以后，采用了桥吊的大钩（350 吨）和小钩（180 吨）同时启用，在空中翻个的方法。先用小钩吊起后，大钩与小钩配合顺利地实现了翻个。本来应当由两台起重设备完成的工作，用一台桥吊就完成了。三是直径有 10 多米的发电机组定子在正常情况下是在基坑组装的，但这样占用直线工期太长。我们就利用三号基坑的场地进行拼装。为了防止在吊运过程中发生定子机械变形，我们又增加了很多支撑，将这件庞然大物吊入就位。四是我们采取了在水轮机叶片正面焊接铬铜片、反面焊接不锈钢片、外层涂敷环氧树脂砂浆的办法，起到了抗磨损的双保险作用，延长了叶片的寿命，延长了检修周期，减少了检修的次数。

（4）服务到现场。局要求两级职能部门昼夜三班服务到现场。一是技术服务到现场。小问题当班解决，需要协商的大问题不过夜。二是生产指挥到现场。特别是生产调度工作，要安排好当日三班生产作业任务，排除生产中发生的各类干扰，合理地安排各种机械、车辆的使用，特别是桥吊要见缝插针，协调好方方面面的生产关系。同时还要严密监视黄河水情的涨落。三是生活服务到现场，把昼夜四餐热饭开水送到工地。四是物资设备供应到现场。物资设备部门在年初就派出人员长期驻在哈尔滨电机厂负责催货、验收、掌握大件的加工进度、装车押运、与沿途编组站联系，等等，一环扣一环地及时把大件运回三门峡工地。另外，还派出工作组驻铁道部负责申报车皮计划，保证出厂的大件有足够的车皮使用。我曾记得，为了解决一件特大件的运输，需要一辆凹型的特种车皮，在铁道部几乎查遍全国各大车站，才把这辆车皮找出来，及时地将大件运到工地。发电前夕，还缺少一个电器开关没有解决。经水电部批准，从内蒙古某电厂调拨了一台，他们立即派出汽车日夜兼程，七天七夜将这台电器开关送到三门峡发电机组安装现场，解了燃眉之急。

四、增建改建后三门峡水利枢纽发挥了巨大效益

（1）三门峡水利枢纽经过增建改建后，坝前水位在海拔 315 米时，洪水可下泄 10000 立方米每秒；坝前水位在海拔 305 米时，洪水可下泄 5000 立方米每秒。泄洪洞的进口高程最低降低了 20 米，基本解决了库区的泥沙淤积问题。从 1973 年开始，水库运用方式改为蓄清排浑、调水调沙运用，开始发挥防洪、防凌、灌溉、发电等综合

效益。1982 年 7 月黄河中游 4 万平方公里的广大地区普降大暴雨，黄河花园口洪峰流量达 15300 立方米每秒，7 天洪水量达 50 亿立方米。面对这场洪水，三门峡水利枢纽发挥了作用，使洪水安全入海。三门峡水利枢纽在调水调沙，有效地削减上游流量，减轻下游堤防负担，保证黄河下游防汛安全上发挥了巨大作用。2005 年渭河发生了 24 年来最大洪水，安全顺利地流入黄河。

（2）三门峡电站是华中重要的电力基地之一，截至 2001 年发电创造的产值是 25 亿元，到目前已超过 30 亿元，投入产出比是 1 : 3。三门峡这颗明珠将世世代代为人民造福。1978 年最后一台发电机组安装完毕，这项"一五"期间的重点工程，经历了 20 年建设，终于从国家建委的老账上消号了。

1978 年水电部为了推广三门峡水电站发电机组快速安装的经验，在三门峡召开了"水轮发电机组快速安装技术经验交流会"。后来，由水电部将快速安装经验申报全国科技大会，从而获得了 1978 年科技大会科学重大贡献奖。

三门峡水利枢纽总造价 7.33 亿元，再加上库区移民，潼关、灵宝、陕县、平陆四个县城的搬迁及陇海西路三门峡段的改线等花了 2.28 亿元，共投资 9.6 亿元，在当时国家困难的情况下，投入了巨大的财力，可谓是倾国之力。

（2005 年 12 月 22 日）

回忆黄河渠村分洪闸筹建工作

黄河渠村分洪闸位于河南省濮阳县渠村西约 2 公里，黄河北岸青庄险工地段，紧靠黄河大堤背水（外侧）部位，距黄河主流 500 米。

黄河渠村分洪闸是大型防洪工程，当黄河出现特大洪水时向滞洪区分滞洪水的大型闸门。当黄河水位在海拔 63.66 米时，分洪流量为 10000 立方米每秒，分洪量 20 亿立方米。分洪后受害面积为长垣、滑县小部，濮阳大部，范县、台前全部。分滞的洪水从豫鲁交界的张庄退入黄河，以达到错开黄河洪峰、确保黄河下游安全的目的。

黄河渠村分洪闸工程由黄河水利委员会设计。工程为一级建筑物、系钢筋混凝土灌注桩基础开敞式闸。分洪闸共计 56 孔，每孔净宽 12 米、中墩宽 14 米。全长 765 米（包括岸厢），宽 749 米。闸顶部是机架桥、中间是公路桥、下部是小铁路桥。工程量主要是土方，工程量为土方 140 万立方米、石方 15 万立方米、混凝土 12 万立方米。

明确任务——抓牢工作重点

黄河渠村分洪闸工程于 1976 年 3 月批准兴建。1976 年 8 月河南省委和水电部商定把施工任务交给我们水利电力部第十一工程局施工。8 月底局党委书记纪涵星分配我带领先遣队前往渠村分洪闸工地开展筹备工作，并交代 11 月底局里将有 2500 名职工和 2000 名民工进点施工。筹建工作的时间只有两个半月，时间短，任务重，困难重重。

我接受任务后，立即组织成立了先遣队。先遣队成员由局处室、各队厂负责人及有关人员 50 余人组成，于 9 月 6 日到达渠村工地。在原河南省水利厅施工队留下的简易房子里安营扎寨。第二天就召开先遣队全体职工会议，传达了上级对渠村分洪闸工程施工的指示和要求，对工程概况进行了简略的介绍，并对施工现场进行了细致的察看。经过反复讨论研究，确定了筹建工作的四项重点工作：

——附属厂的建设。主要有新乡锯木转运场、工地钢筋混凝土预制厂、钢筋加工厂、木模加工厂、混凝土拌和厂、混凝土骨料和石块堆放场。这六个附属厂要求在两个半月内完成，11 月 15 日前完成厂房土建和设备安装。

——简易住房建筑。要求两个半月或三个月内建成 20000 平方米的简易房屋，满足 5000 名施工人员的生活用房和六大附属厂厂房。

——钢筋混凝土灌注桩造孔及水下混凝土浇筑试验。分洪闸工程的 1855 根钢筋混凝土灌注桩是大闸的基础，也是整个工程的控制项目。在软基础上造孔、在水下浇筑混凝土我们水利电力部第十一工程局没有经验，必须在施工前做好试验，取得相关技术资料才能普遍采用。我们先后请了濮阳、滑县、长垣三个县的打井队，用大锅锥和水冲钻两种不同施工方法造孔，用导管浇筑水下混凝土。经过两个月试验，于11月中旬终于试验成功，总结出两种各具特色的造孔方法供施工中选择。

——钢筋混凝土预制件的试生产。大闸钢筋混凝土预制件主要有：混凝土弧形预应力闸门、三桥的桥梁及其他大型预制件等1000余件，不仅数量大，而且技术要求也很复杂。当时工地没有木模、钢模，只能采用地模来预制。近二十年来我们水利电力部第十一工程局没有用这种土法生产这种特大钢筋混凝土预制件的经验。为了保证质量，我们在筹建过程中进行试制，取得经验后再做批量生产。经过两个月的试制，终于将地模浇筑钢筋混凝土预制件试制成功。

在两个半月的筹建工作中，我们紧紧抓住了这四项任务，克服了种种困难，胜利地完成了筹建任务，为大闸正式开工创造了条件。

我们先遣队进驻工地后，对施工项目进行了摸底排队，安排钢筋、水泥、木材三大主材的采购，组织机械设备，落实组织施工力量。在筹建工作中遇到了许多严重困难，其中最大的困难有两个：一个是如何解决在软基础上施工的问题，一个是钢筋、水泥、木材三大主材严重欠缺，不能满足工程的需要。这两个问题不解决，筹建工作就很难开展，大闸也就不能按时正式开工。因此，解决这两大困难就成了当时的燃眉之急。

土洋结合——攻克软基础

黄河渠村分洪闸是我们水利电力部第十一工程局首次

在软基础上施工的工程。分洪闸坐落在黄河大堤背水面低洼处，地下水位特别高，在2平方公里的施工现场，雨季一片水汪汪，旱季一片沼泽地。大小机械都进不去，就连人走进去还要沾满两脚泥。可以说，我们这个老牌的机械化施工队伍在这软基础面前是一筹莫展。这个问题不解决，筹建工作怎么搞？搞什么？我们借鉴了历年治黄的经验，采用土洋结合的办法：用"洋"办法在施工现场建立了井点抽水系统，降低地下水位高程；用"土"办法解决地表上的稀泥造成的困难。我们主要采用了以下几个办法：

——选择堆料场作为工程用料的集散地。我们选择了大闸对面黄河大堤背水面2000米长的空地，用石块砌成若干隔墙，堆放各种不同规格的混凝土骨料和各种砌石，作为工程用料的集散地。料场的另一端与黄河大堤的永久公路连接在一起，将运输到的工程材料堆放在这个集散地中，解决了进料的存放问题。

——硬化路面作为大型物件的运输和大型吊车行走的通道。我们在预制厂、钢筋加工厂、木模加工厂、大闸岸厢之间修筑了一条硬化的道路，用来运输大型钢筋混凝土预制件和大型机械设备。将工程后期所需用于浆砌的石块填到路面上，共计填了1米多厚。这些从太行山运来的石块，价格是很高的，等道路使用完后，我们又把这些石头用来浆砌护坡，物尽其用。

——自制运输工具、建立便道网。在大闸施工区内，修建能走架子车和独轮车的便道网。我们自己设计了铁质架子车和独轮车，作为基坑开挖和混凝土浇筑时使用的运输工具。在修建便道网时，遇到沼泽地时，就在底部纵横铺上柳条笆，然后再填土筑路；遇到水坑时，就用草袋装土，将坑填满后再筑路。我们在 2 平方公里的施工现场修筑了不计其数的便道，形成了网络。同时，我们在大闸顺方向修了一条硬化路，安装了两台臂式吊车，用来吊运、安装桥梁和启闭设备。

——满铺马道板，混凝土直接入仓。由于大闸工程总体呈现出条状，可供同时施工的工作面不大，所以在浇筑混凝土时，大型机械、大容量的浇筑设备使用不上。我们采取了人海战术，在仓号里全部铺满马道板，用架子车把混凝土直接倒到仓号里进行浇筑，解决了大型设备无用武之地的难题。

多头并举——解决三大主材

黄河渠村分洪闸是在"文化大革命"的第 10 个年头上马的。由于"文化大革命"的严重破坏，国民经济已到了全面崩溃的边缘，各种物资的供应都十分紧张，尤其是钢筋、水泥、木材三大主材更是奇缺。国家调拨的木材，仅够现浇混凝土立模和仓号里马道板使用的。千余件大型钢筋混凝土预制件和建房用的木材根本就没有着落。大型钢筋混凝土预制件所需要的 600 号桥梁水泥也没有货源。在材料上存在的诸多困难，拦住了筹建工作的前进道路。怎么办？我们经过集思广益，采取了以下几个办法。

——三桥等千余件大型钢筋混凝土预制件的制作，我们借鉴了 50 年代房建分局建筑三门峡水工机械厂大型车间横梁的制作办法，采用地模制作技术，由工程师赵福来设计并作技术指导，由预制厂张连波负责组织施工。经过两个月的紧张工作，终于生产出了第一批质量合格的大型钢筋混凝土预制件。试制成功后，经局领导同意，在施工中全面使用，为国家节约了大量的木材，也解了燃眉之急。

——三桥等大型钢筋混凝土预制件原设计需要桥梁水泥，通过各种渠道采购均没有找到货源。在迫不得已的情况下，我们开始用铁门水泥厂生产的 500 号水泥，经过反复的试验，研制出能够满足设计要求的混凝土配合比，并生产出质量完全达到设计要求的产品。经原设计单位审查同意，采用了我们的研制成果，解决了这个卡脖子的问题。

——20000 平方米简易房屋的困难。由于施工采用了土洋结合的方法，增加了大量劳动力。开工初期阶段就需要职工和民工 5000 多人，施工高峰工地人员达到 10000 多人。生活用房、工程用房、办公用房、医院用房就需要筹建 20000 平方米。而建筑所需要的材料，除了水和土能就地取材外，其他所需的木材、扒锔、油毡、秫秸笆等一无所有，在两个月内要建筑 20000 平方米的简易房屋谈何容易。怎么办？突破建材瓶颈是当务之急。怎么突破？当时我们确定了三条原则：一是局内挖潜；二是面向农贸市场；三是多渠道求援。具体做法是：在局内挖潜方面，首先将三门峡各单位库存的建筑材料进行全面清仓，把适用于造简易房屋的材料全部调运到工地。其次，用库存回收的废钢筋加工建房用的铁扒锔。在面向农贸市场方面，我们通过摆摊设点大量收购木材、秫秸笆、油毡、农用铁扒锔等建房建材。那一年的雨水特别多，低洼处碗口粗的桐树都淹死了，农民家里存有大量的死桐树。于是我们通过摆摊设点大量进行收购，及时解决了建筑材料短缺的难题。与此同时，物资采购部门通过商业系统积极进行采购，还向兄弟单位请求援助。面向农贸市场，虽然尝到了甜头，但在当时还不敢向外声张，因为那个时候面向农贸市场是一大忌。三大主材是国家统销物资，是不能随便交易的，再说国企插足农贸市场进行交易也是违规的。

到 12 月中旬，局党委书记纪涵星来到工地，对我们先遣队的筹建工作表示满意，并宣布了新的领导班子组成名单。先遣队的工作使命就结束了。

（2006 年 5 月 2 日）

（注：黄河渠村分洪闸位于河南省濮阳县渠村，是一座处理黄河特大洪水的大型分洪工程。）

回忆故县水库工程的几件事

洛河发源于陕西省蓝田县林渣沟华山南麓,向东流经洛南等七个县(市),在河南巩义市注入黄河,全长447公里。洛河是黄河在三门峡至郑州花园口之间最大的支流。

故县水库工程位于洛河中游的河南省境内,是洛河干流兴建的第一座大型水库。拦河大坝是混凝土重力坝,工程等级为一级,设计防震烈度为8级,坝顶高程553米,从基坑到坝顶高125米,坝顶宽10米,坝长315米,大坝混凝土总量164万立方米,总库容11.75亿立方米。水电站为坝后式,厂房安装3台水轮发电机组,单机容量2万千瓦,总容量为6万千瓦。

故县水库是一座以防洪、灌溉为主,兼有发电、工业供水、农业灌溉等综合性效益的工程,是黄河中下游防洪系统的配套项目。当黄河郑州花园口遇到百年一遇的洪峰时,可以削减洪峰流量1500立方米每秒;当遇到千年一遇的洪峰时,可以削减洪峰流量2300立方米每秒。这对保证黄河中下游安全至关重要。

故县水库工程兴建变化过程

故县水库工程始建于1958年,竣工于1993年,历时

35 年，经历了"四上三下"的过程。前三次上马兴建是受当时政治形势的影响，均因仓促上马、论证不够充分、投资不落实等原因而被迫停建。

1975 年 8 月，豫南发生特大暴雨，板桥、石漫滩水库突发的洪水给当地造成了巨大的损失。1976 年 5 月 13 日，国务院原则批准水电部《关于防御黄河中下游暴雨洪水的意见》，报告中包括故县水库工程。1977 年 12 月，水电部下发通知，把故县水库工程安排在 1978 年施工，将施工列为部直属直供的项目，并指定由水电十一局施工。

施工准备

1977 年 12 月，接到水电部通知后，工程局于 1978 年 1 月派出工作组进驻故县水库工程工地，做全面复工的施工准备工作。5 月，局领导和各职能处室搬迁到工地办公。6 月，河南濮阳渠村黄河分洪闸工程进入尾工，我和工地 1500 名施工主力陆续转移到故县水库工程工地，投入到施工前的准备工作。

根据生产任务的需要，对生产组织进行了重新组建，对各生产单位进行了重新调整：由渠村工程中的基建大队为基础，组建开挖工程处、混凝土预制厂、浇筑工程处、混凝土拌和厂、砂石筛分厂；由机电运输大队为基础，组建机电工程处、汽车运输处等生产单位。局直各职能部门基本维持原机关组织结构不变。

施工的准备工作于 6 月份全面铺开，包括生活用房和生产用房的建设、现场主要的公路和桥梁的架设、施工用电、通信工程、砂石筛分、拌和楼的安装等 20 余项。在施工准备阶段，有几件事情回忆起来还记忆犹新。

右岸高边坡开挖需要一个大蓄水池，供风钻用水，但现场连一块巴掌大的平地都没有，建水池的难度特大。原计划在山顶修一个大型水池，任务交给预制厂。当时预制厂的领导陈必寿、刘伙等人多次到现场察看，发现在坝顶下游的山坡上有一个天然的山洞。他们建议用手钎打孔、插筋，在洞口建一座挡水墙，洞底和洞身抹上防渗砂浆，这样利用这个天然山洞，既省工省时还省料。我接受了这项合理化建议。预制厂的领导带领职工，硬是用人抬肩扛，将一袋袋水泥、一包包砂子、一桶桶水运到山上，把一个天然山洞改造成了一个大蓄水池。然后由机电工程处架设了供水管道，从河床向上供水，解决了右坝肩开挖的用水问题。

1978 年 12 月，在 110 千伏变电站延长段的七级铁塔工程施工中，困难最大的就是跨洛河的两级铁塔，其中右岸的铁塔基础开挖和混凝土浇筑任务也是由预制厂负责的。当时正是隆冬时节，滴水成冰，为使 110 千伏变电站能早日投入使用，他们攀高山、冒严寒，用手钎打孔开挖塔基石方基础，用小口袋，一袋一袋地把建筑材料运到山顶，然后烧热水拌和浇筑混凝土。那种吃大苦耐大劳的精神，至今我还是十分感动。

从 1978 年 6 月开始，大坝的准备工作已经全面开始，首先是对大坝两岸边坡和导流洞的开挖，主要任务有：修路、安全护栏的架设、工作面的清理、供水供风等。10月，两岸坝肩和导流洞三个工作面同时开工。

左右岸的坡高有 150 余米，坡度非常陡，危险特别大。导流洞岩石破碎、断层又多，随时都有冒顶和塌方的危险。由于生产组织严密，安全措施有力，施工精细，从1978 年 10 月开始，到 1980 年胜利完成，没有发生一起死亡或重伤事故。经过以后 15 年的考验，左右岸两边坡没有发现掉石块或塌方的事件，在安全质量上取得了可喜的成绩，这样好的成绩真是来之不易，为 1980 年底截流创造了条件。

截 流

两岸边坡和导流洞工程胜利完成后，具备了截流条件，同时，上下游围堰堆筑及防渗墙、砂石骨料系统、灵宝转运站散装水泥运输储藏系统、风水电供应系统等也相继完成。1980 年 9 月，经水电部批准，提前于 10 月截流。我们水利电力部第十一工程局于 10 月 7 日开始截流并顺利成功。

基坑开挖

大坝基坑位于 6 坝段至 15 坝段上，总宽度有 160 米。顺水开挖 200 米长，分为甲乙丙丁四块；河床沙砾石覆压层平均 10 米，岩石开挖一般为 5～8 米，最深的 8 坝段甲块为 12 米，总开挖量沙砾石 32 万立方米。

1981 年 4 月，基坑开挖按设计要求完成。经清洗检查发现，在坝基范围内有大大小小的断层 20 多条，都为高倾角断层，左岸坝肩的 F5 断层最大，2 米多宽，其他的均很小。此外，还有构造挤压带和局部架空裂隙，地质条件极为复杂。因此，黄河水利委员会设计院又做了补充地质勘察，等待提出新的具体地质成就后再作决定。此时，基坑一面撬挖风化石，一面勘探穿插作业。

1983 年 1 月，水电部批复故县水库工程新的施工方案。新的设计增大了大坝断面，顺水方向增加一个戊块，变成了甲乙丙丁戊五块，顺水长由 200 米变成为 250 米。我们立即组织力量对戊块进行开挖。同时按照设计要求，基坑撬挖全面展开，精雕细琢。

在这块严重风化、破碎的坝址上兴建一座 125 米高、164 万立方米混凝土的重力坝，大坝的稳定如何？是否会留下无法处理的严重隐患？虽然增加了戊块，扩大了大坝的断面，但我仍然对大坝的稳定性持有怀疑态度。万一出了问题，那后果将是不堪设想的，会给下游人民生命财产造成严重的损失。我身为主管生产的副局长必然要承担法律责任。因此，当时我的思想包袱很重。思前想后，肩上的担子太重了。为了确保大坝的质量，必须对质量管理进行大胆的改革，把全局职工的质量意识提高到一个新的境界，这是我的新的质量思路。为此，我们在施工的全过程，做了以下几项质量管理工作。

第一，建立健全质量和安全体系，配备管理人员。

局设有技术安全处，局属二级生产单位设立安全质量检查科，中队班组设有不脱产的安全质量检查员。施工质量检查实行"三检制"，即班组自检，处厂复检，局技术安全处终检。每道工序经检查合格后，发给合格证，方可进入下一道工序。局处两级质检干部昼夜三班在工作面上值班，及时负责处理施工中的质量问题。在质量管理上实行一竿子插到底的工作制度，并实行质量一票否决权。

第二，明确大坝的重点部位和项目，确保达到质量标准。

坝基岩石面的撬挖和两个坝肩高边坡撬挖，混凝土尤其是坝基10万立方米的混凝土浇筑，固结灌浆、帷幕灌浆、接缝灌浆，左坝肩F5断层的处理（包括采用基础撬挖、混凝土回填、化学灌浆等传统和现代的施工方法），我们把这四个项目列为工作重点，在这些隐蔽部位的施工中，始终以预防为主，从细小处抓起，抓死不放。

第三，把宣传质量安全工作做到经常化、制度化。

我们对全体职工大张旗鼓地宣传"百年大计，质量第一"是国家的既定方针，是施工单位的自勉自律格言，也是社会各界对施工企业的期盼；向职工宣传国家的有关法律法规及行业部门相关要求；把局内制定的各项质量管理的制度、措施大会讲、小会讲，利用黑板报、局报、工地广播等形式反复地宣传，不断地提高职工保证质量的自觉性，经常敲响职工头脑中质量安全的警钟。

第四，局各级领导支持质检部门严格把关，同时与设计院代表、设计院地质组、水库管理处共同对质量进行验收。

质量第一，质量是企业的生命，说起来容易，做起来很难。当进度与质量、成本与质量、近期利益与远期利益发生冲突时，质量问题往往又变成了次要的。这个时候，有人强调质量要服从进度、要服从成本、要服从近期利益。说起来重要，做起来次要。我们在解决这些矛盾时，首先是领导要下很大的决心，严格要求质检部门严格把关。当质检部门与施工单位在质量问题上发生矛盾时，领导干部的态度要向质检部门倾斜，支持质检部门的意见，说服或命令施工单位按规范施工，照质检部门的意见整改。当质量与成本发生矛盾时，领导要及时表态，不惜一切代价处理好缺陷。从当时说是多花了一点钱，增大了成本，但与以后发现再处理或者是酿成大祸后再补救相比，成本要小得多。当质量与进度发生矛盾时，质量不受进度的限制。从局部来看是影响了进度，但从整个工地施工来看，还有可以在总体上进行调整，在其他施工部位可以加快。如果不及时处理，将来处理的话，对工程总体上的影响将更为恶劣。当近期利益与远期利益发生矛盾时，近期利益服从远期利益。这不仅仅是成本的问题，还涉及企业在社会上的信誉问题。对那些不讲施工质量、不按规范施工的个人和单位，进行批评教育甚至给予严重的纪律处分。

我们局还与设计院代表、设计院地质组、水库管理处（三方四家）建立了共同对质量验收的制度，接受他们的监督，对他们在检查中发现的隐患及时进行整改。这样，既提高了施工质量，也帮助我们提高了质量管理水平。我们虚心地听取他们的意见，满足他们对质量的要求，改变了以往双方争吵不休的对立局面。在事故处理上，指导思想向他们一方倾斜，对隐蔽工程、重要的分部工程，或重要的工程项目，如大坝坝基岩石面大的预埋件、分部灌浆成果等都主动与他们交流。三方四家成立的联合验收小组，共同验收、共同签发合格证，只要有一家不同意，就不能进入下一道工序。这样形成了齐心协力干好工程的局面，有效地保证了工程的质量。

第五，推行施工企业全面质量管理。

1980年夏季，国家建委通知全国各地的重点基本建设单位的领导人在天津举办全国重点企业负责人学习班。主要任务是：在施工企业中推行全面质量管理（TQC）。局里派我和张堂辉、张守诚三人参加了这次学习班。回来后，就在全局推广应用。首先，局里成立了推广全面质量管理的领导小组。在推广中，我们始终把宣传教育工作作为重点来抓。全面质量管理核心是始于教育，终于教育，全员参加，人人负责。实践、总结、提高，经过一系列的宣传教育，在提高认识的基础上，制定质量标准，建立基层质量管理体系，培训骨干，并在主体工程两大生产线上推行全面质量管理的试点。

第一条主体生产线是混凝土浇筑一条龙生产线上。在影响混凝土质量的四大环节上严格把好四大关。一是把好混凝土和建材的试验关；二是把好砂石骨料开采、筛分质量关；三是混凝土拌和关；四是混凝土浇筑关。在这四个环节施工的各工种、各道工序都制定了简单明了、通俗易懂的质量安全标准，使之具有可操作性。生产中队和车间建立了全面质量管理小组，各生产班组设立质量检查员。对不合格的产品绝对不能转入下一工序。由于全员质量意识的提高，在施工中认真推广了全面质量管理，使工程质量有了很大的提高，合格率达到100%，优良率达到77%以上。

第二条主体生产线是开挖生产线。在这条生产线上的重点是保质保量保安全。围绕这个目标，我们抓了三个关键环节：一是供风供水的质量关；二是爆破器材加工、保管、使用、炮区警戒关；三是打孔、出渣、撬挖质量关。在这三个环节上，制定了质量安全标准来规范职工的施工过程。

由于推广了全面质量管理，建立了专职与兼职相结合的管理系统，在整个开挖过程中，没有发生死亡事故，也没有发生重伤事故。在开挖质量上，在两岸坝肩高边坡开挖后的 15 年中，没有发生掉石或塌方的现象，岩石面的合格率达到 100%，优良率达到 90%。

第六，对质量事故及重大隐患进行认真处理。

由于多种原因，故县水库工程也出现不少质量事故和重大的质量隐患。我们对每起质量事故和隐患都认真进行处理，不惜代价，不限时间，处理不好决不罢休。如 13 坝段甲块混凝土浇筑完后，发现在下方 6 米处有一个风化囊，我们就把浇筑好的混凝土挖掉，将 6 米深处的风化囊挖出，消除了坝基的隐患后，重新浇筑混凝土。在 11 坝段甲块混凝土浇筑后出现了水平裂缝，其原因是隆冬施工，砂浆受冻。我们不惜代价，把 11 坝段甲块的混凝土全部挖掉重新浇筑。又如，由于基坑 7 次过水，造成施工间隙过长，加上工艺不科学等原因，混凝土出现了很多裂缝，我们分别用挖除裂缝范围的混凝土后加密钢筋，重新浇筑后再灌浆或化学灌浆等办法处理，直到合格为止。

从 1981 年 5 月浇筑第一块混凝土到 1985 年 1 月混凝土浇筑总量 50 多万立方米，大坝普遍升高到海拔 475 米高程，局部到达海拔 480 米高程，左岸栈桥已经形成，25 吨塔吊已投入生产，第一节发电钢管已经安装就位，各项工程质量指标都达到或超过规范要求。这一期间的主要质量成果有：

（1）河床6坝段至15坝段及两岸边坡的开挖撬挖，取得了丰硕的成果。历时26个月的长期辛苦的劳动，精雕细琢，人工撬挖出石渣14000多立方米，消除了坝基存在的隐患，确保了大坝开挖的质量，合格率达到100%，优良率达到90.5%。

（2）混凝土浇筑从1981年5月到1985年1月共浇筑约50万立方米，混凝土质量特别好，内实外光，也没有出现蜂窝、麻面、跑模等通病，各项指标都达到规范要求。混凝土合格率达到100%，优良率达到78%以上。

（3）固结灌浆、帷幕灌浆、接缝灌浆质量合格率达到100%，优良率达到90.5%。左岸F5断层的处理非常复杂，施工的危险性也非常大，由于措施得当，精心施工，未发生任何事故。

故县水库工程施工的质量，由于各级领导的重视，全体职工的参与，尤其是海拔475m以下的大坝基础质量，特别好，为故县水库工程创造优质工程奠定了坚实的基础，得到了设计院、管理处的好评。重要项目全部通过验收。

1985年1月，局内领导体制改革，原领导班子集体退居二线。新的领导班子，接过接力棒，继续奋勇前进，于1992年历时11年共浇筑混凝土164万立方米，质量合格率达到100%，优良率达到77%。故县水库电站于1980年12月进行厂房基础开挖，经过岩石开挖、厂房混凝土浇筑、机电安装到1992年3月全部完成，3台发电机组于 1992 年 12 月 28 日一次启动成功并网发电。至此，故县水库工程在经历了自 1958 年开始到 1993 年历时 35 年"四上三下"的漫长曲折过程后终于成功了。

1994 年 1 月 20 日到 23 日，国家验收委员会认定：故县水库工程是黄河中下游防洪体系中的一项重要工程，工程设计合理，施工质量优良，投入运行以来情况良好，工程符合设计要求，已初步发挥了防洪、灌溉、发电的效益，国家验收委员会一致通过并移送管理单位运用。

故县水库工程总投资（包括前 3 次）8 亿元，实际浇筑混凝土 174 万立方米，开挖石方 111 万立方米，金属结构 7000 吨。

（2006 年 1 月 17 日）

（注：故县水库位于河南省洛宁县寻峪乡境内，是一座以防洪为主、综合利用的大型水利枢纽。）

附录一

记忆中的父爱

陈京生

父亲与先慈就要团聚了，满载着赞誉与祖宗相见，开始履行死后尽孝的承诺和耐心的等待……

父亲出生在山东省荣成县俚岛镇一个叫陈冯庄的渔村，世代以捕鱼为生，与大海为伴。父亲的骨子里展示着的是大海的气节，血液中显露出的是大海的激情，勇敢、坚定、沉着、自信、天真。

父亲兄妹五人，排行在二。先祖把汉、淮、湘、浦四条大江镶嵌在儿子们的名字里，父亲与中国的大江大河结下了不解之缘。自踏实水电人生始吃苦在前，至踏实水电人生终享受在后。年仅90岁的父亲，比先慈多活24年，比先祖多活6年，比祖妣少活6年。

在父亲不在家的这两天，他那副饱经风霜的面孔，一直浮现在我的眼前。

我记得父亲跟我说，人要学会接受委曲。我没有查出处。我明白，父亲是教导我：人生要宽以待人，严于律己，与人为善，有容则强。

我记得父亲跟我说，人不能白活一回。我没有查出处。我明白，父亲是教导我：人生要好做事，做好事，事做好，心诚则成。

我记得父亲跟我说，危险地方别去，富贵荣华别贪，吃苦受累别怕。我没有查出处。我明白，父亲是教导我：人生要洁身自好，好自为之，审时度势，寡欲则刚。

父亲带走了一身的疾病，结束了生活的眷恋，留给我们的是不尽的思念、不断的思考、不朽的思想……

为报答父母的养育，我们以"高品德美、美德品高"为挽歌，表敬心，示缅怀，彰正气，显自强。

今天伴随父亲上路的还有善良的祝福——安息。

（根据 2018 年 4 月 20 日告别仪式上亲属发言稿整理）

附录二

神奇的缘分

陈京生

　　缘分是什么？是神奇，是不可思议，是绝妙的搭配。

　　在父母墓碑背面有四个字：高品德美。

　　德和美是墓主人陈德淮和陈美爱姓名中的第二个字。

　　高品一词，有高度评价，深度品读，广泛理解的意思，还是品位、品级的意思。

　　用回文诗的读法，可以读出四首七级塔形诗。同样的字和词有不同样的含义，表达出不同样的意思，可以理解出不同样的感受。

　　还可以有其他读法，根据分解出来不同的字和词，能表达不同的情感。

　　高品德美
　　高
　　高品
　　高品德
　　高品德美
　　高品德美高
　　高品德美高品
　　高品德美高品德

品德美高
品
品德
品德美
品德美高
品德美高品
品德美高品德
品德美高品德美

德美高品
德
德美
德美高
德美高品
德美高品德
德美高品德美
德美高品德美高

美高品德
美
美高
美高品
美高品德
美高品德美
美高品德美高
美高品德美高品

把第四句摘出来，可以组成：

高品德美

品德美高

德美高品

美高品德

把第五句摘出来，可以组成：

高品德美高

品德美高品

德美高品德

美高品德美

把第六句摘出来，可以组成：

高品德美高品

品德美高品德

德美高品德美

美高品德美高

把第七句摘出来，可以组成：

高品德美高品德

品德美高品德美

德美高品德美高

美高品德美高品